景初画家具

胡景初 著
袁进东 纪 亮 策划

中国林业出版社

图书在版编目（CIP）数据

景初画家具 / 胡景初著 . -- 北京：中国林业出版社，2018.10

ISBN 978-7-5038-9777-1

Ⅰ．①景… Ⅱ．①胡… Ⅲ．①家具－设计－作品集－中国－现代 Ⅳ．① TS666.207

中国版本图书馆 CIP 数据核字（2018）第 230664 号

中国林业出版社·建筑分社

责任编辑：纪 亮 樊 菲
文字编辑：陈 慧

出　版：中国林业出版社
　　　　（100009　北京市西城区刘海胡同 7 号）
网　站：http://lycb.forestry.gov.cn/
发　行：中国林业出版社
电　话：（010）8314 3610
印　刷：北京利丰雅高长城印刷有限公司
版　次：2018 年 10 月第 1 版
印　次：2018 年 10 月第 1 次
开　本：1/16
印　张：11
字　数：100 千字
定　价：198.00 元

《景初画家具》

著 / 胡景初

策划 / 袁进东　纪 亮

特别鸣谢
中南林业科技大学校友总会
中南林业科技大学家具与艺术设计学院

此次画册的出版还得到了以下单位和个人大力支持（排名不分先后）

逸品晨中设计有限公司
深圳觉美设计有限公司
知道家居设计有限公司
深圳景初设计有限公司
广州市伊特莱 - 全屋定制
深圳市简欧名家具有限公司
调色板青少年家具有限公司
深圳江博智业设计咨询有限公司
强恩逊（惠州）家居发展有限公司
广州市宏铭医院专用家具有限公司
中南林业科技大学《家具与室内装饰》杂志社

中南林业科技大学中国传统家具研究创新中心
中南林业科技大学 1996 级室内设计班
中南林业科技大学 1994 级家具本科班
（唐子石、凌英）
中南林业科技大学 2002 级木材科学与技术硕士班
（曹上秋、陈哲、彭文利、徐挺、吴冬梅、张乃沃、袁进东、刘德桃、叶菡、谢穗坚、毛慧、李文琳）
中南林业科技大学风景园林学院

序

欣逢中南林业科技大学纪念办学60周年之际,胡景初先生的力作《景初画家具》一书的出版,是一份珍贵的大礼。景初先生是我的恩师,亦是我的同事,更是我的老友。我与先生相识逾三十载,我的教学科研和为人处事,深受其熏陶和影响。我阅读了他的书稿后,深感这是他近四十年来从事家具设计的教学、科研和创作的深刻总结。他早年在上海家具工业公司所属企业从事家具设计和企业管理工作,20世纪70年代后期调入中南林学院(现为中南林业科技大学)负责筹建家具设计与制造专业,是我国高等家具设计专业的创始人之一,被业内公认为"中国家具行业泰斗"。

读先生的书,是一次沉香经久的阅历旅程。他以笔为媒,以纸为介,取木材之造化精华,泼墨挥洒出一幅幅融合木制家具与生活艺术的隽永画卷。普通的木头,在先生的笔下变得灵动优雅,既自然又神奇,如一株千年古木经历了悠长的风霜雨露,淀集了"十年树木,百年树人"的内涵,亦如我校校训"求是求新,树木树人"的理念。先生的世界里有古木的雨露风霜,有"人+木=休"的睿智远见,有现代社会回归淳朴的浓香。阅读全书,我们可感受到先生闲适中透露出的洒脱情怀,文人般的高雅里是他对山水的怀念,所看之景,所思之情,便寄托于笔尖。让我们从文字中、从家具画中,听到先生缓缓道来的人生故事。

景初先生是一位快乐的家具人,字里行间是他对家

Tree Grain one
树纹一

具与绘画的热爱。他教会我们兴趣的重要,也散发着积极乐观的人生态度,专业与执着恒定着初心,探索与尝试创造着新韵味。苦其心智,劳其筋骨,时代的色彩与人生的经历成就了景初先生在家具界和美术界的杰出成就。

亦人亦书,亦笔亦画,我敬佩景初先生人生的真实与艺能的宽广;一椅一木,一几一台,色彩变换与原生木纹是先生对全新生活方式的表达。回到此书,无论是传统文化的彰显,还是现代设计的新视野,都融入了先生对家具创造性的审美与多重角度的塑造。这是一本轻松、浓厚、有质感的书,其可作为家具、美术领域的本科生、研究生和工程师的教学参考资料,对进一步提高家具领域的人才培养质量有重要的促进作用。

最后,感谢先生的信任与厚望,我衷心祝愿本书的顺利出版,是为序。

刘元
中南林业科技大学副校长

Original ecological furniture One
原生态家具一

水墨意趣自成一派

齐白石先生曾有一幅画，画中只有三条小鱼，名为《三鱼（余）图》，他在画上题字云："画者工之余，诗者睡之余，寿者劫之余"。胡景初先生是中国家具研究与设计行业的著名专家，同时他热爱着中国传统文化与绘画艺术，"画者工之余"，胡先生同样也是在工作之余，愉快而认真地在纸上挥洒，将自己擅长的家具题材与花鸟画相结合，表达自己喜悦、闲适和从容的心情。胡先生虽然没有经历过美术学院系统的教育，但他有着绘画天赋和丰富的人生阅历，这使得他在绘画上表现得无拘无束、自信大胆，因此作品给人以耳目一新的感觉。时至今日，先生已经成功举办了数次省级规模以上个展，在业内赢得了不少的掌声，有人甚至用"一部活着的家具绘画史"来比喻胡先生的绘画作品。

胡先生的前半生在中国家具行业已是巨匠，在后半生，他用格物致知的精神去探索家具文化并进行总结和反思，除了把水墨语言和当代家具文化主题相结合的绘画作品外，值得注意的还有胡先生关于表现木材年轮的作品。在这一类的作品中，我们可以看到胡先生用流畅的线条体现出他所理解的生命之美，以及他细腻的观察与深邃的思考。这些木纹不尽相同，有的如水纹一样层层荡开，波光粼粼，有的又如滔滔江水，转轮而行。因这样特别的表现，作品呈现出了平面的构图并承载了最朴素的文化含义——各种不同特点、不同年轮的木头，经过加工制作，成为了各式各样的家具，有吃饭用的餐桌、工作用的椅子、休息用的床、储物用的柜子……它们与人类生活息息相关，默默地贡献着，先生对它们充满着感谢与情意,并深情地写道:"木是人类的生活之道,是一切生命之源"。

胡先生的绘画体现了对中国传统文化和当代文化的思考,他用水墨形式将中国家具进行广泛传播,另一方面是胡先生以其对家具的终身热爱,对艺术孜孜不倦的追求,行走于雅与俗之间,以他特有的思维、语言和观念将水墨形式与家具题材结合,产生新的意趣与图式,通过对家具文化内涵的诠释,表达了他对生活的理解,对自然的感悟,对人生的思考和对美的探寻。

Beauty of the Wood Knot
节之美

王金石
湖南省美术家协会副主席

自然理画 神工造化

——胡景初先生写意水墨画"树木年轮与木材纹理"之艺术美

胡景初先生是一位家具人。先生出生于 20 世纪抗日战争时期，经历了新中国成立、"文化大革命"、改革开放、新世纪等各个时期，见证了中国近现代的家具发展历程。胡先生从事家具设计与理论研究大半载，20 世纪 70 年代后，他从上海家具企业调到中南林学院（现中南林业科技大学）任教，创办了家具设计与制造专业，开始了长达 40 多年的教书育人生涯，培育了一批又一批的家具设计人才，桃李满天下。

胡先生自幼爱好美术，家具设计与绘画艺术有着密切关系，以水墨来表现家具，在他看来，不过是其专业的延伸，水墨家具画与一般的国画作品相比，更加讲究构图与结构，更加追求艺术造型与材质肌理的美。因此，木材纹理的表现手法是水墨家具画的一大特点。

"十年磨一剑"，2008 年，胡景初教授退休之后有了更多闲暇时间，他便重新拾起童年时期的书画爱好，开始以家具为主题的水墨画创作。先生从书法入手，追本溯源，法古创新，先习小篆，后写隶书，然后开始写意水墨画的创作，通常中国画创作都是从山水、花鸟、人物这些题材入手，但是胡先生希望自己的水墨创作能有个人的特色，与别人拉开距离，所以就把家具作为表现的题材，也作为一个家具人在中国画领域的探索与试验。胡先生的家具书画既有中国文人的写意笔墨技巧，又赋予作品中表现家具艺术造型结构与年轮木纹之美。从传统中国明清古典家具到民间乡村家具，从西方家具史经典名椅到当代新中式家具新作，胡先生创作了一批又一批的不同风格、各具特色的家具水墨画，先后在广东画院、深圳文博会、昆明东南亚木材博览会、中山红博城首届新中式家具博览会举办了多场专题画展，赢得了社会各界广泛的赞誉，并且被许多有识之士收藏。

胡景初先生在近古稀之年仍不忘初心，拾起画笔，潜心探索家具水墨画创作，令人钦佩！细观胡先生的家具水墨画，洗练脱俗，逸笔草草，直抒胸臆；不但展现了中国传统文人写意水墨画的意境美，更具树木年轮与天然木纹的自然美，二者融合，相得益彰；可观、可居、可赏、令人神游。在古今中外的家具艺术大世界中，我把胡先生独具特色的家具水墨画风格称之为当代家具书画界的丰子恺。

最近一段时期，胡先生又开始了更加抽象的树木年轮与木材纹理的水墨画创作，胡先生用更加写意与多变的笔墨技巧去表现鬼斧神工的树木纹理之美。胡先生的树木年轮与木材纹理的水墨画，把天然木纹的奇妙无穷表现得淋漓尽致。细观细品，宛若一幅幅水墨的天然画卷。"十年树木，百年树人"，岁月的洗礼，让胡先生的水墨画承载着对岁月时间的记忆，铭记岁月长河的流逝，去欣赏岁月年轮与木纹的永恒之美！

笔者是先生指导培养的第一批家具设计博士研究生，适逢母校办学60周年庆典，恩师将举办"树木年轮与木材纹理"写意水墨画展，感恩之余，写下这篇短文。

Wood Grain Nine
木纹九

彭亮
顺德职业技术学院教授

目 录

序 4
水墨意趣自成一派 6
自然理画 神工造化 8

人好寿长｜Long Life Long 17
老木头｜Aged Wood 18
无题｜An untitled painting 19
木纹一｜Wood Grain One 20
木纹二｜Wood Grain Two 21
木纹三｜Wood Grain Three 22
木纹四｜Wood Grain Four 23
木纹五｜Wood Grain Five 24
木纹六｜Wood Grain Six 25
木纹七｜Wood Grain Seven 26
木纹八｜Wood Grain Eight 27
木纹九｜Wood Grain Nine 28
木纹十｜Wood Grain Ten 29
木纹十一｜Wood Grain Eleven 30
木纹十二｜Wood Grain Twelve 31
木纹十三｜Wood Grain Thirteen 32
木纹十四｜Wood Grain Fourteen 33
木纹十五｜Wood Grain fifteen 34
弦向木纹｜Chord Wood Grain 35
木桌面｜Wood Tabletop 36
木纹桌面｜Wood Grain Desktop 37
年年有余｜Annual Surplus 38
树纹一｜Tree Grain one 39
两木相依｜One wood beside the other 40
木之艺｜Wood Art 41
年轮一｜Annual Growth Ring One 42
年轮二｜Annual Growth Ring Two 43
年轮三｜Annual Growth Ring Three 44

年轮四	Annual Growth Ring Four	45
年轮五	Wood Grain Five	46
年轮六	Wood Grain Six	47
年轮七	Wood Grain Seven	48
年轮八	Wood Grain Eight	49
年轮九	Wood Grain Nine	50
红木年轮	Mahogany annal wheel	51
纹木颂一	Eulogy of Wood Grain One	52
纹木颂二	Eulogy of Wood Grain Two	53
节之美	Beauty of the Wood Knot	54
木节	Wood Knot	55
木节之美	Beauty of the Wood Knot	56
空心	Hollow Wood	57
空心木	Centre Hole	58
空心木桩	Hollow Wood Stake	59
老木桩一	Aged Wood Stake --one	60
老木桩二	Aged Wood Stake --Two	61
老树桩三	Aged wood stake--Three	62
老树桩四	Aged wood stake--Four	63
老树兜	Old Tree	64
老树皮	Aged Tree Bark	65
木材一	Timber one	66
木材二	Timber Two	67
朽木亦可观	The Beauty of Rotten Wood	68
阴沉木	Hard Wood which has long been buried in earth	69
大木颂	Eulogy of Wood	70
大木颂与大森林	Eulogy of Wood and Great Forest	71
森林之歌	A Song in the forest	72
大榕树	Big Banyan	73
橡胶树	Rubber Tree	74
林地	Forest Land	75
木材可再生一	Renewable Wood One	76
木材可再生二	Renewable Wood Two	77

树根	Tree-root carving	78
老根木	Old root wood	79
根雕艺术	Root carving art	80
厚实古拙	Thick ancient	81
根雕台	Carving Art	82
缅甸花梨大树兜	Burmese rosewood tree pocket	83
劣材优用	Good use of inferior wood	84
重生	Rebirth	85
集木见森林	Wood and Forest	86
小木屋	Cabin	87
榫头结构	Tenon structure	88
原生态家具一	Original ecological furniture One	89
原生态家具二	Original ecological furniture Two	90
原生态家具三	Original ecological furniture Three	91
原生态家具四	Original ecological furniture Four	92
原生态家具五	Original ecological furniture Five	93
原生态家具六	Original ecological furniture Six	94
原生态家具七	Original ecological furniture Seven	95
原生态家具八	Original ecological furniture Eight	96
原生态家具九	Original ecological furniture Nine	97
原生态家具十	Original ecological furniture Ten	98
原生态家具十一	Original ecological furniture Eleven	99
原生态家具十二	Original ecological furniture Twelve	100
原生态家具十三	Original ecological furniture Thirteen	101
原生态家具十四	Original ecological furniture Fourteen	102
原生态家具十五	Original ecological furniture Fifteen	103
原生态家具十六	Original ecological furniture Sixteen	104
原生家具十七	Original ecological furniture Seventeen	105
乡野宝座	Village throne	106
根椅	Root chair	107
原生态自然美	Natural Beauty	108
柴木家具	Wood Furniture	109
多元木生态家具	Multi wood ecological furniture	110
树枝椅	Natural Branches chair	111

老木椅一	Old wooden chair one	112
南官帽椅	Southern official's hat armchair	113
圈椅	Round-Backed Armchair	114
玫瑰椅	Rose Chair	115
灯挂椅	Lamp Chair	116
交椅	Ancient Folding Chair	117
老木椅二	Old wooden chair Two	118
官帽椅	Official's Hat Armchair	119
清式扶手椅	An Armchair of Qing Dynasty style	120
竹椅	Bamboo Chair	121
老木椅三	Old wood chair	122
树桩花几	Side Table made with tree stump	123
伴侣几	Side table	124
乌金木长茶几	The long tea table of Wujin wood	125
元宝榫	Nipping	126
元宝之美	The beauty of the treasure	127
大巧若拙	Great art conceals itself	128
新潮Z型椅	Zigzag chair in fashion	129
竹椅一	Bamboo Chair One	130
竹椅二	Bamboo Chair Two	131
雕塑型木沙发	Sculpture wood sofa	132
原木沙发	Log sofa	133
鳌鱼腿圆形椅	A round chair	134
新广式之一"单人沙发"	Xin GuangShi style one--Single sofa	135
新广式之二"睡榻"	Xin GuangShi style two--Sleeping Couch	136
新广式之三"扶手椅"	Xin GuangShi style three--Armchair	137
新广式之四"梳妆台"	Xin GuangShi style four--Dressing table	138
新广式之五"多用几"	Xin GuangShi style five--Multiunit side table	139
酸枝靠背椅	Acid Side Chair	140
酸枝扶手椅	Acid branch armchair	141
酸枝圈椅	Rosewood chair	142
深圳大豪的卧房套装	DaHao bedroom suit	143
五图屏罗汉床	Arhat bed with five screens	144
酸枝曲面躺椅	Reclining chair with curved surface	145

中文	English	页码
大豪兴利的家用酒吧	DaHao Big house bar	146
贵妃床	Chaise Bed	147
电视装饰柜	TV decorative cabinet	148
板式卧房家具	Bedrooom Plate Furniture	149
卧房套装	Bedroom suit	150
大豪家具暴风一族	DaHao Fourniture	151
华盛的椅子	Huasheng's chair	152
可拉伸躺椅	Stretchable reclining chair	153
紫檀大理石桌面凳	Sandalwood table and stool with marble tabletop	154
多功能的组合柜一	Multifunctional cabinet One	155
多功能的组合柜二	Multifunctional cabinet Two	156
组合家具三	Multifunctional fourniture Three	157
树脂模塑家具	Resin molded furniture	158
红木三人长椅	Mahogany Bench of three person	159
红木三屏梳妆台	Mahogany dressing table with three screen	160
森林中的床	A bed in the forest	161
折椅	Fold Chair	162
木 椅	Wood Chair	163
简易沙发	Sofar	164
四屉写字台	Writing-table with four drawer	165
欧式平板床	Europen Flat Bed	166
多功能木柜	Multifunctional wooden cabinet	167
三十六条腿之一	Thirty-six legs One	168
三十六条腿之二	Thirty-six legs Two	169
三十六条腿之三	Thirty-six legs Three	170
卧房套装	Bedroom Set	171
明式圈椅	Round-backed Armchair with Ming style	172
后 记		173

景 初 画 家 具

Long Life Long
人好寿长

景 初 画 家 具

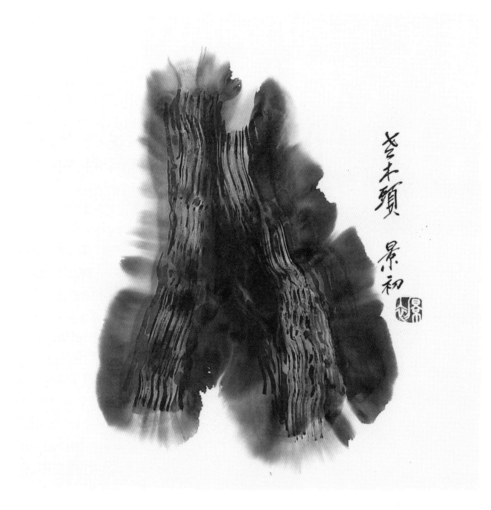

Aged Wood
老木头

An untitled painting
无题

景初画家具

古人植树为林,截木搭找,生活在树林里,坐在木屋里,坐在木椅上,在木桌上吃饭,在木床上睡觉,木是人类的生存之道,是一切生命之源。 景初

Wood Grain One
木纹一

Wood Grain Two
木纹二

Wood Grain Three
木纹三

Wood Grain Four
木纹四

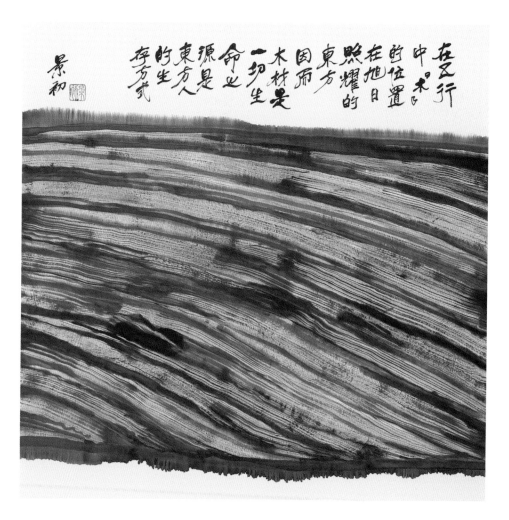

Wood Grain Five
木纹五

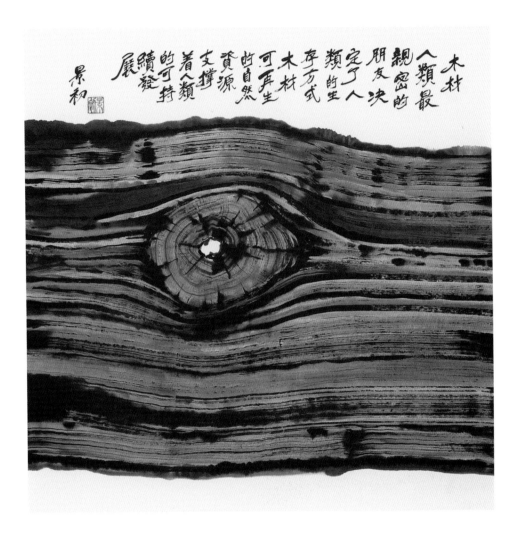

Wood Grain Six
木纹六

Wood Grain Seven
木纹七

景初画家具

或如龍盤
虬踞復似
鸞集鳳翔
青綢紫綾
環壁圭璋
重山疊嶂
連波疊浪……
這是西漢
劉勝對
文木的詩
化描繪
文辭華麗
比喻精美
繪聲繪
色堪稱
經典

景初

Wood Grain Eight
木纹八

Wood Grain Nine
木纹九

Wood Grain Ten
木纹十

Wood Grain Eleven
木纹十一

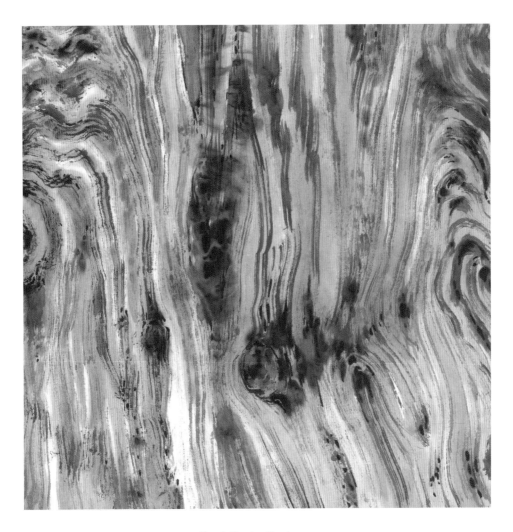

Wood Grain Twelve
木纹十二

Wood Grain Thirteen
木纹十三

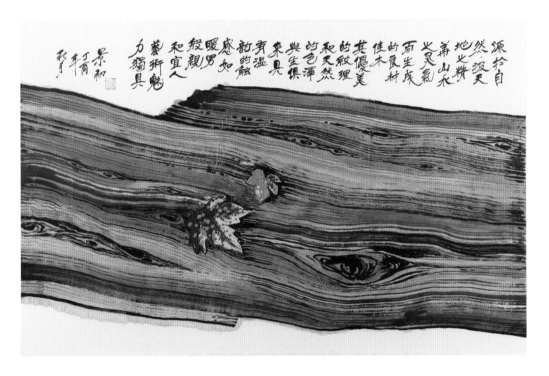

Wood Grain Fourteen
木纹十四

景 初 画 家 具

Wood Grain fifteen
木纹十五

Chord Wood Grain
弦向木纹

景 初 画 家 具

爷爷的老父亲留下的餐桌面 爷爷一样就和爷爷一样被老邪当宝贝一样收藏 老物件令天升值了

景初

Wood Tabletop
木桌面

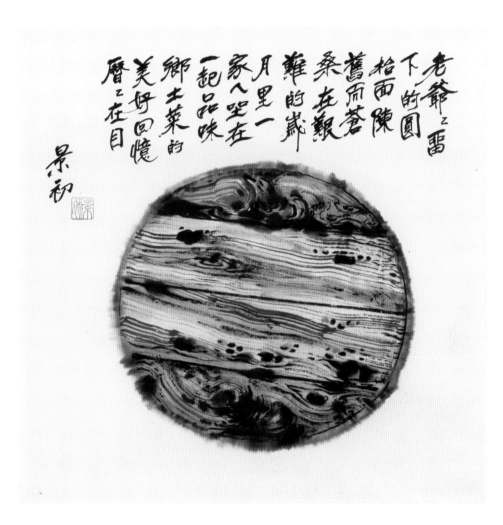

Wood Grain Desktop
木纹桌面

景　初　画　家　具

Annual Surplus
年年有余

Tree Grain one
树纹一

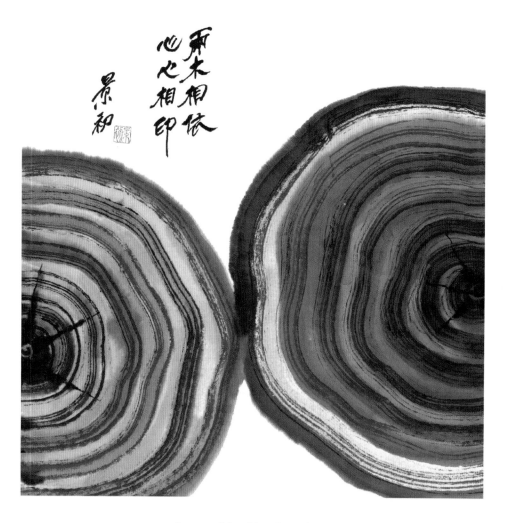

One wood beside the other
两木相依

景 初 画 家 具

Wood Art
木之艺

Annual Growth Ring One
年轮一

Annual Growth Ring Two
年轮二

Annual Growth Ring Three
年轮三

景 初 画 家 具

Annual Growth Ring Four
年轮四

景 初 画 家 具

木材缺陷
这段太
头又空
心又开
裂用起
来就问
题大了
但在画
面上却
成了扁了
审美要
素

景和
丁酉秋月

Wood Grain Five
年轮五

Wood Grain Six
年轮六

景 初 画 家 具

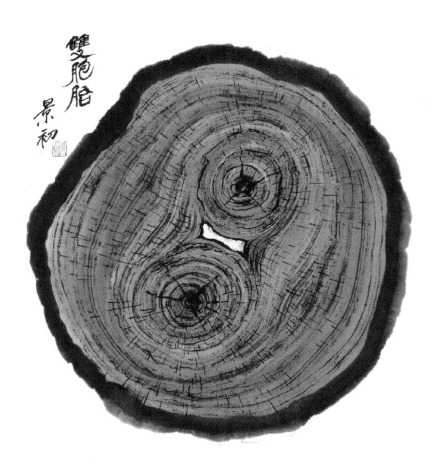

Wood Grain Seven
年轮七

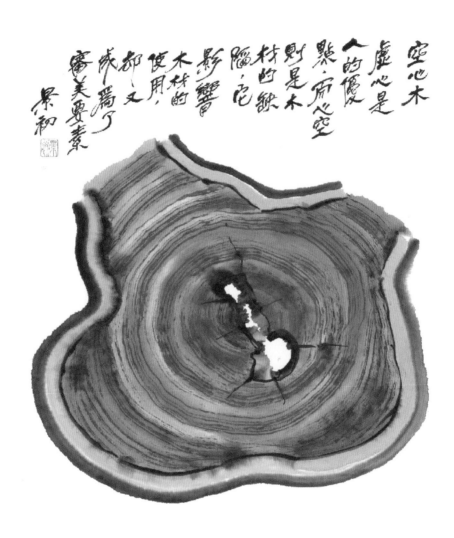

Wood Grain Eight
年轮八

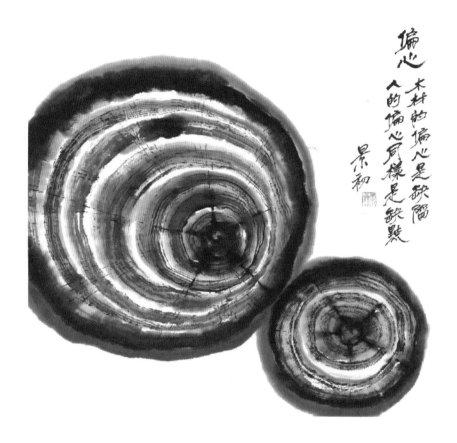

Wood Grain Nine
年轮九

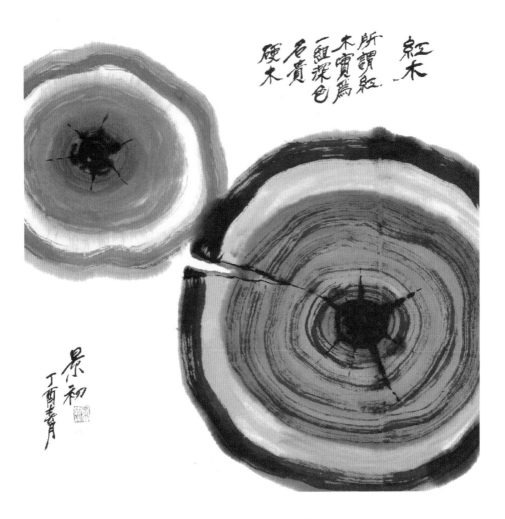

Mahogany annal wheel
红木年轮

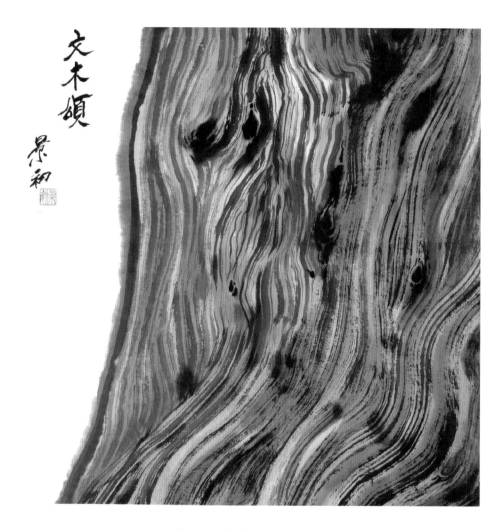

Eulogy of Wood Grain One
纹木颂一

文木颂

戏如龙盘电跃复似鸾集凤翔青绸裹绫环壁走璋叠山黑嶂连波逢浪奔雷屯雲薄雾浓霁

景初

Eulogy of Wood Grain Two
纹木颂二

景 初 画 家 具

Beauty of the Wood Knot
节之美

木节
木节也是审美要素，在设计中充分暴露和显现木节是现代家具设计的重要手法之一

景初

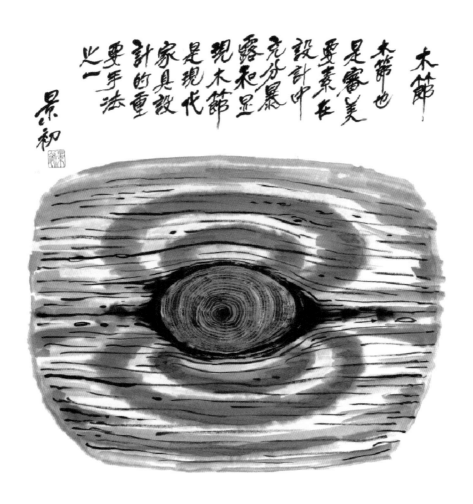

Wood Knot
木节

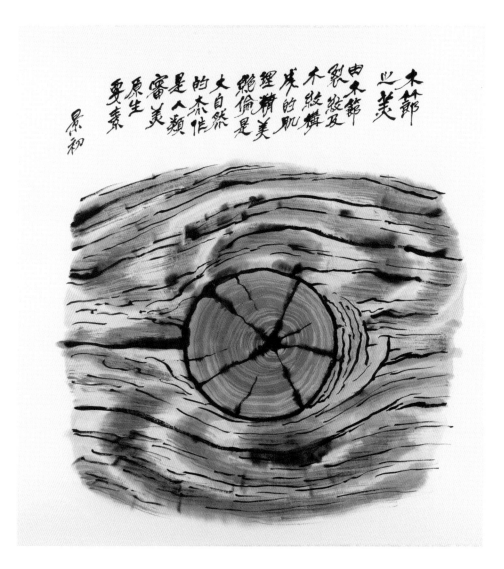

Beauty of the Wood Knot
木节之美

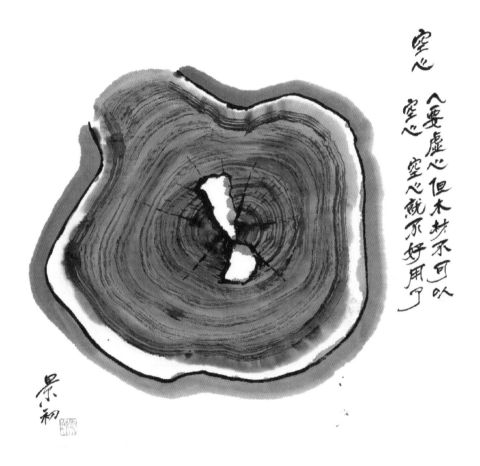

Hollow Wood
空心

木材的形與質作為造型藝術之藝術要素給人以無限的藝術遐想空間

景初

Centre Hole
空心木

Hollow Wood Stake
空心木桩

景　初　画　家　具

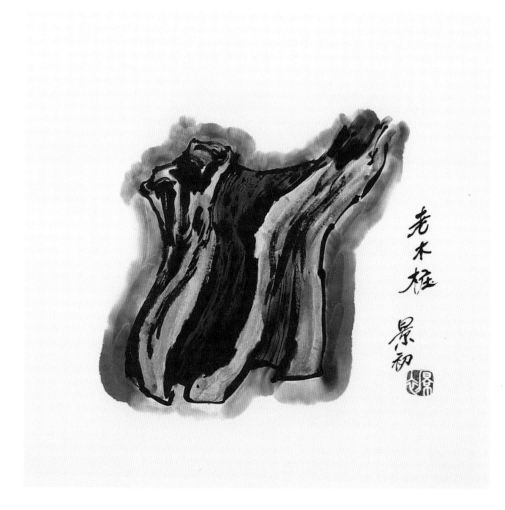

Aged Wood Stake --one
老木桩一

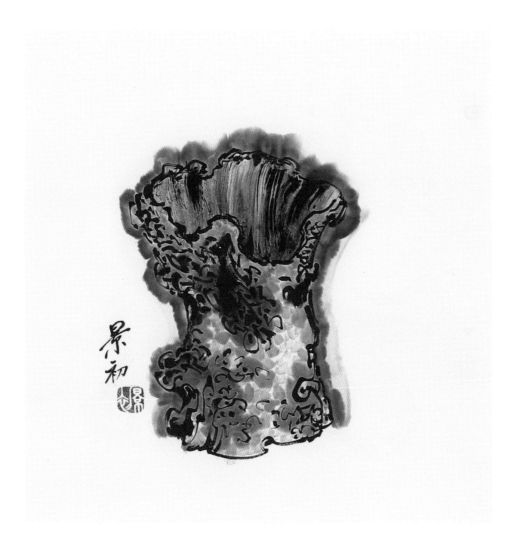

Aged Wood Stake --Two
老木桩二

Aged wood stake--Three
老树桩

Aged wood stake--Four
老树桩四

景 初 画 家 具

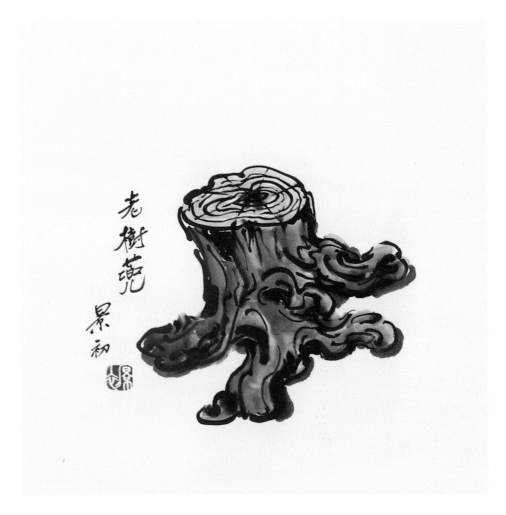

Old Tree
老树兜

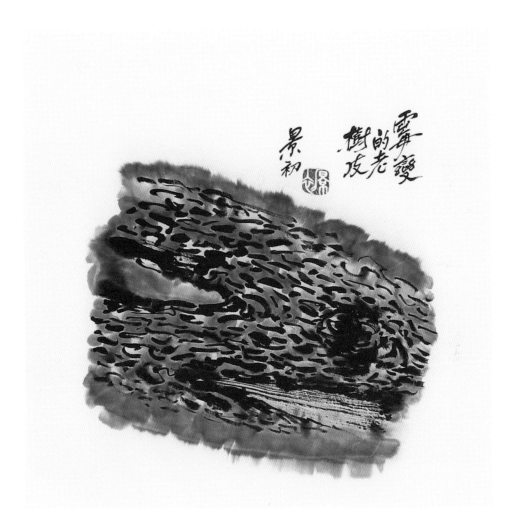

Aged Tree Bark
老树皮

Timber one
木材一

景初画家具

Timber Two
木材二

景 初 画 家 具

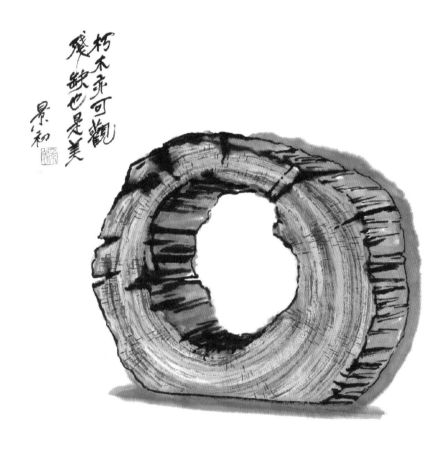

The Beauty of Rotten Wood
朽木亦可观

景　初　画　家　具

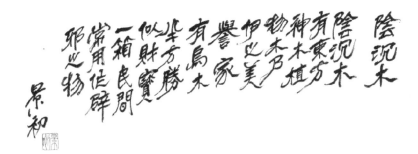

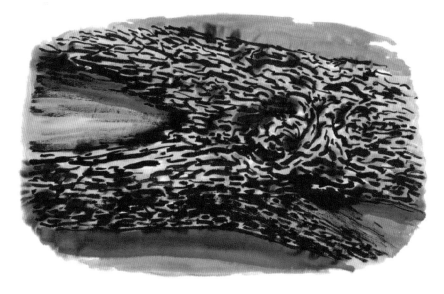

Hard Wood which has long been buried in earth
阴沉木

景 初 画 家 具

Eulogy of Wood
大木颂

景 初 画 家 具

Eulogy of Wood and Great Forest
大木颂与大森林

景 初 画 家 具

A Song in the forest
森林之歌

Big Banyan
大榕树

Rubber Tree
橡胶树

Forest Land
林地

Renewable Wood One
木材可再生一

Renewable Wood Two
木材可再生二

树根

在山间陡坡或悬崖峭壁、冢院家都可发现。留意奇形怪状、缠绕弯曲、根枝都是艺术家具之良材。

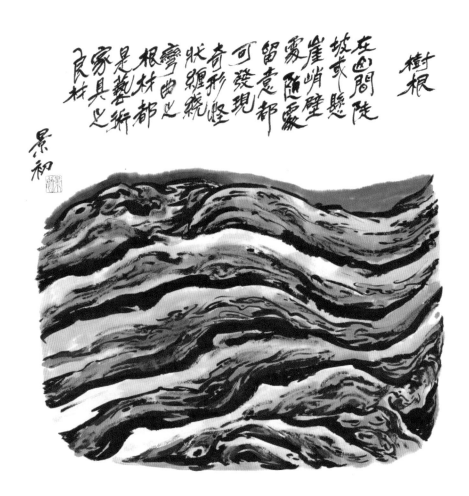

Tree-root carving
树根

Old root wood
老根木

根雕艺术始於戰國,形成於漢晉,與中國的傳統文化藝術密切相關。由樹樁構成的圓栝因材施藝,自然天成,極具鄉野气息。

Root carving art
根雕艺术

景 初 画 家 具

Thick ancient
厚实古拙

景 初 画 家 具

根雕台天然獨一棵樹兜略加裁剪修飾便獲得了一件充滿雕塑感的稀世珍品 景初

Carving Art
根雕台

景 初 画 家 具

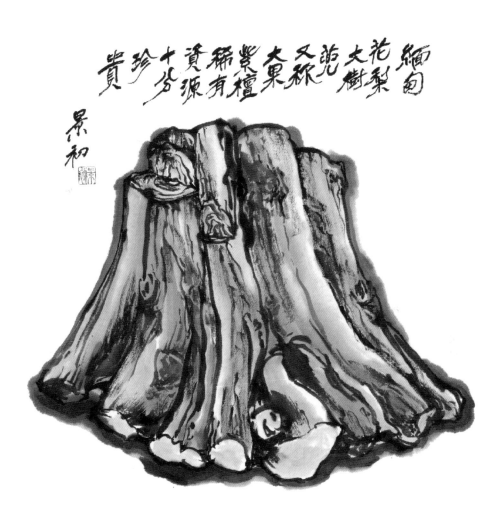

缅甸花梨大树兜,又称兜大果紫檀,稀有资源,十分珍贵。

景初

Burmese rosewood tree pocket
缅甸花梨大树兜

景 初 画 家 具

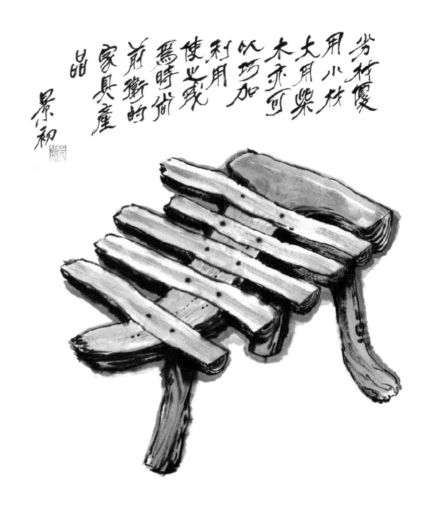

劣材優用小枝大用柴木亦可以巧加利用使必我爲時价前衛的家具産品 景初

Good use of inferior wood
劣材优用

Rebirth
重生

景 初 画 家 具

Wood and Forest
集木见森林

小木屋,我们先人最早的建筑院,不平庸也不卫陋甚至富于诗意,也是一切建筑哲学的原点

景初

Cabin
小木屋

Tenon structure
榫头结构

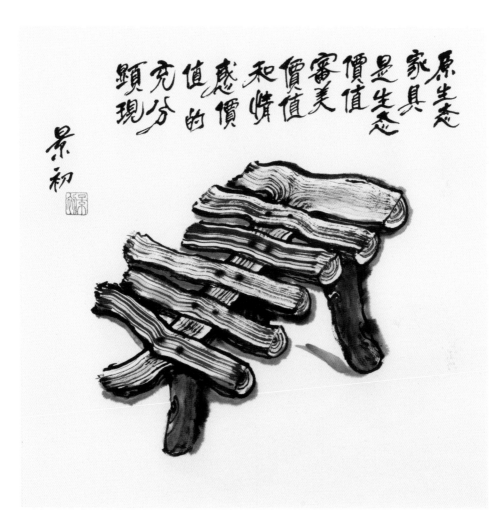

Original ecological furniture One
原生态家具一

景 初 画 家 具

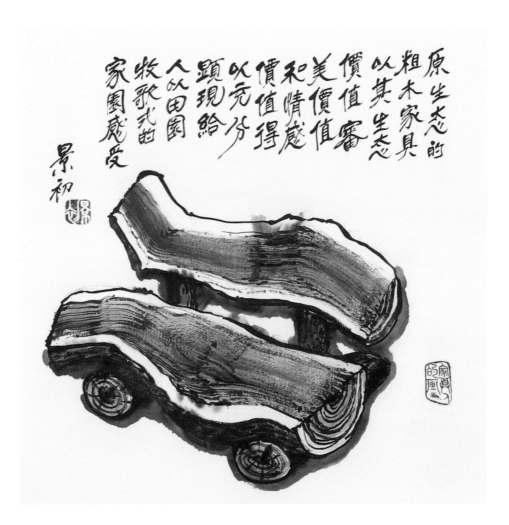

Original ecological furniture Two
原生态家具二

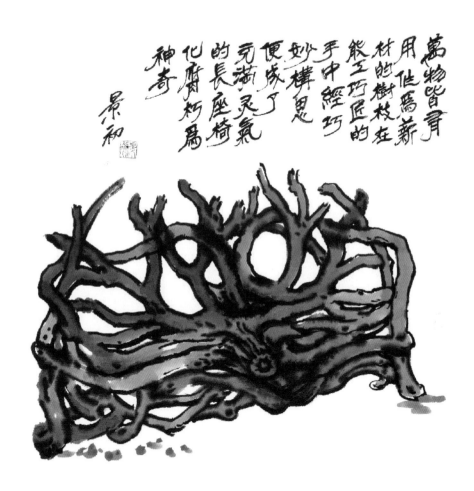

Original ecological furniture Three
原生态家具三

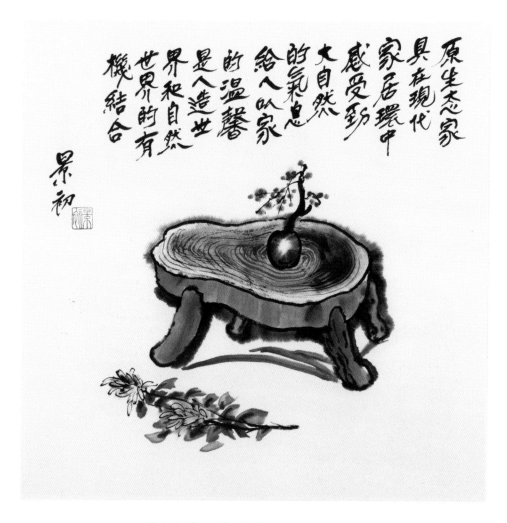

Original ecological furniture Four
原生态家具四

Original ecological furniture Five
原生态家具五

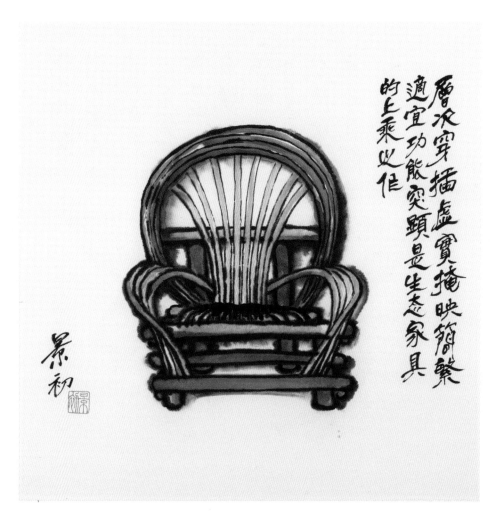

Original ecological furniture Six
原生态家具六

Original ecological furniture Seven
原生态家具七

Original ecological furniture Eight
原生态家具八

景　初　画　家　具

枝桠家具匠心獨具是藝術美與自然美的有機統一

Original ecological furniture Nine
原生态家具九

景 初 画 家 具

Original ecological furniture Ten
原生态家具十

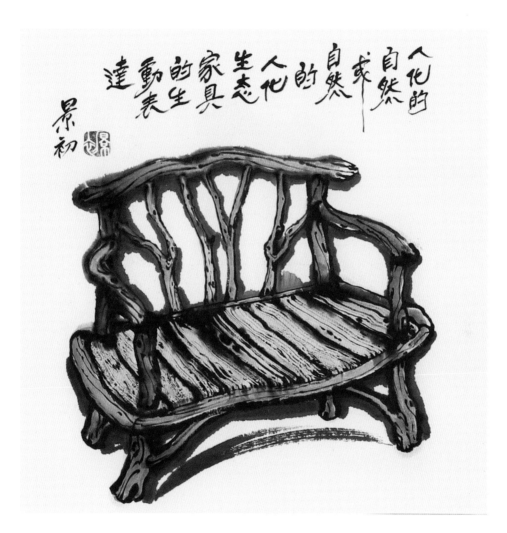

Original ecological furniture Eleven
原生态家具十一

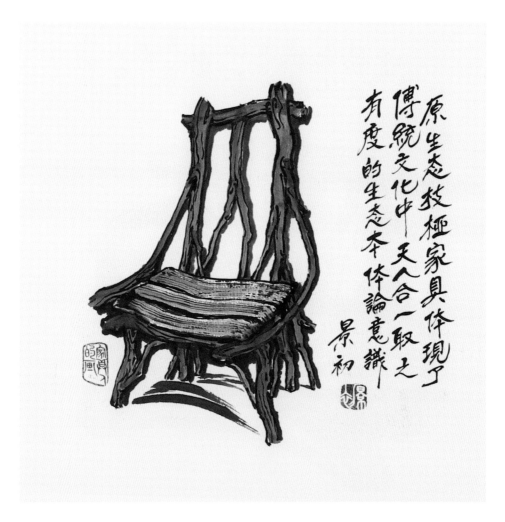

Original ecological furniture Twelve
原生态家具十二

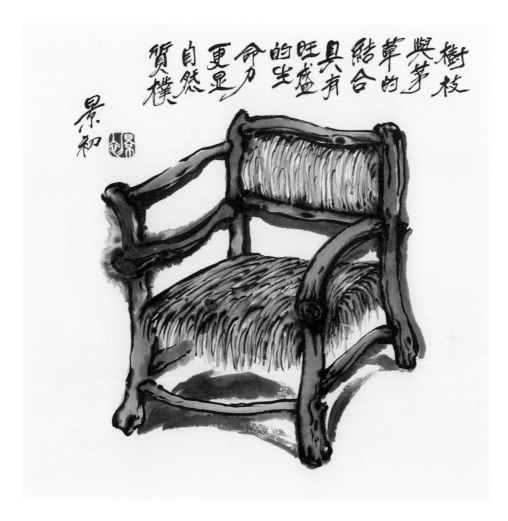

Original ecological furniture Thirteen
原生态家具十三

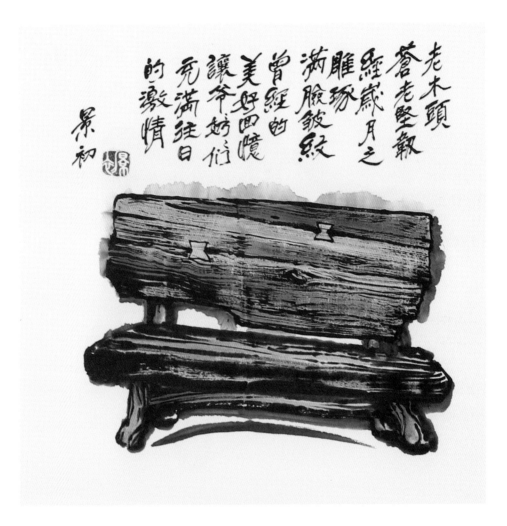

Original ecological furniture Fourteen
原生态家具十四

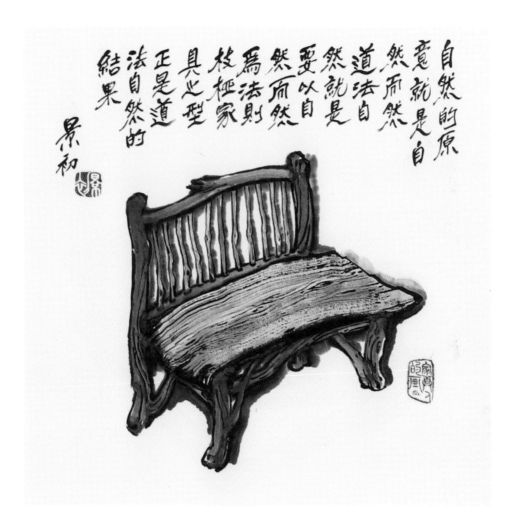

Original ecological furniture Fifteen
原生态家具十五

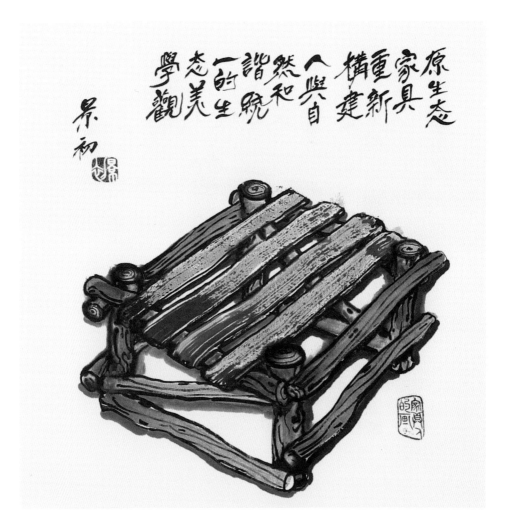

Original ecological furniture Sixteen
原生态家具十六

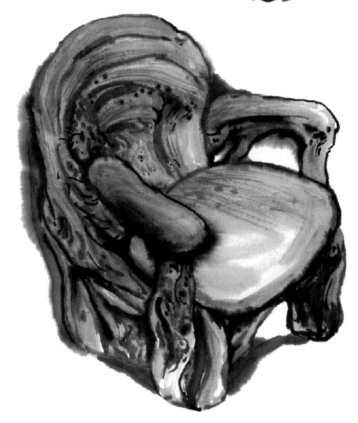

Original ecological furniture Seventeen
原生家具十七

景 初 画 家 具

Village throne
乡野宝座

Root chair
根椅

景 初 画 家 具

Natural Beauty
原生态自然美

景 初 画 家 具

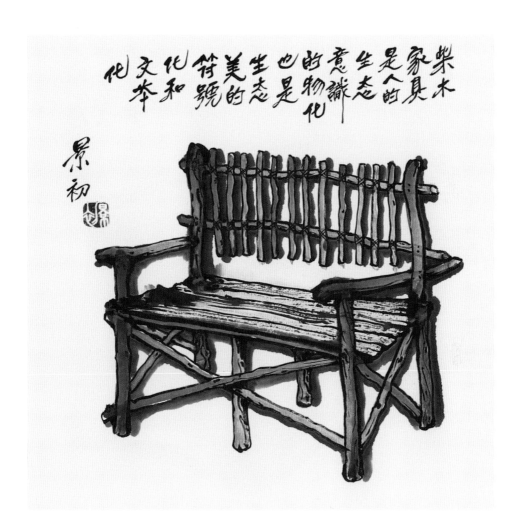

Wood Furniture
柴木家具

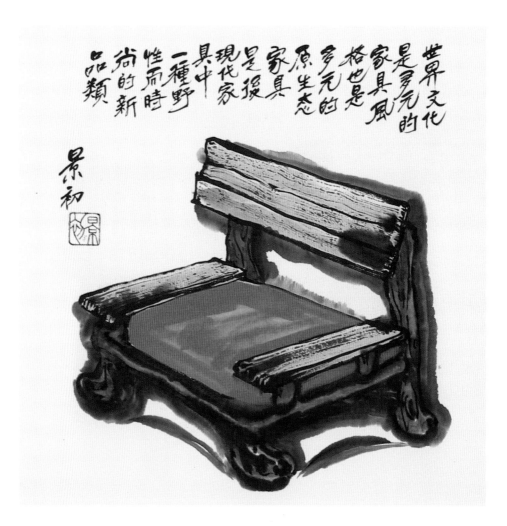

Multi wood ecological furniture
多元木生态家具

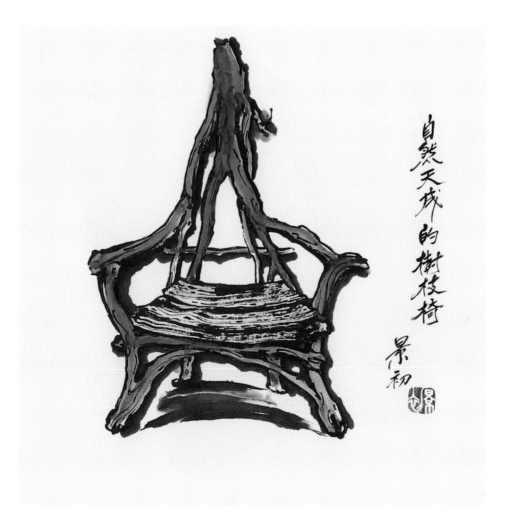

Natural Branches chair
树枝椅

景 初 画 家 具

Old wooden chair one
老木椅一

景初画家具

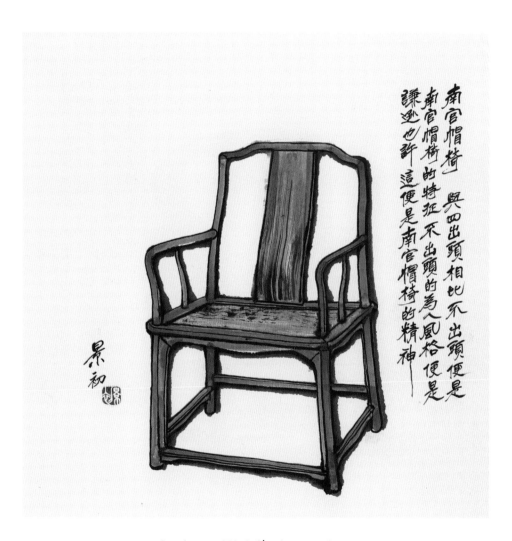

Southern official's hat armchair
南官帽椅

Round-Backed Armchair
圈椅

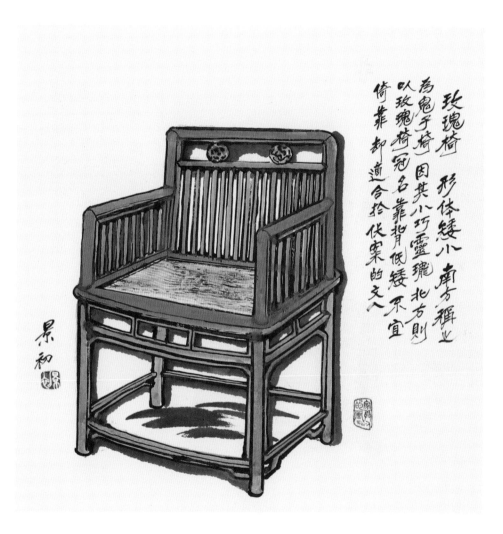

Rose Chair
玫瑰椅

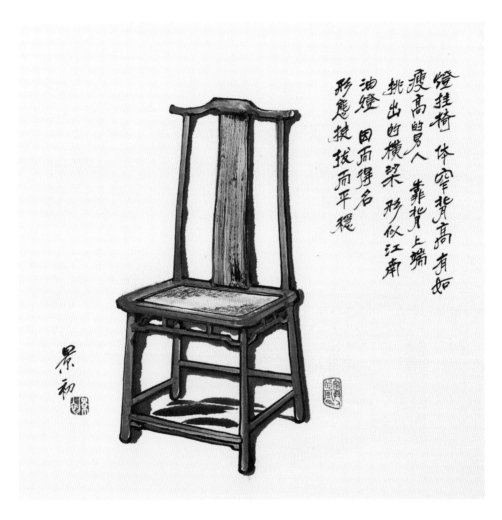

Lamp Chair
灯挂椅

景 初 画 家 具

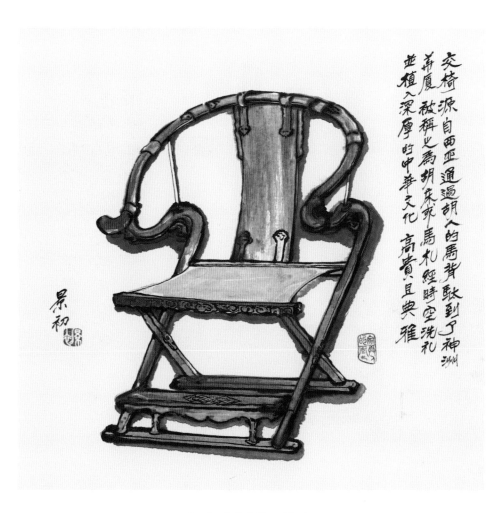

Ancient Folding Chair
交椅

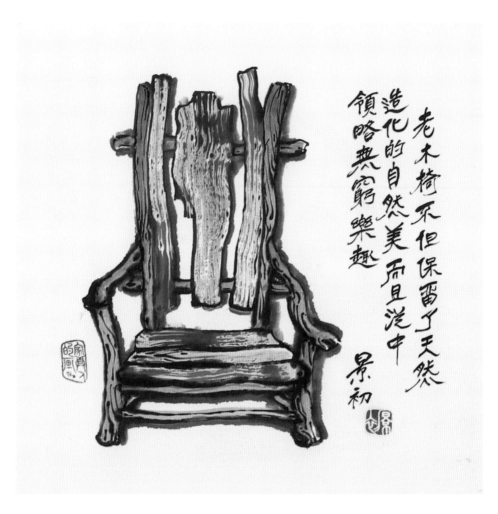

Old wooden chair Two
老木椅二

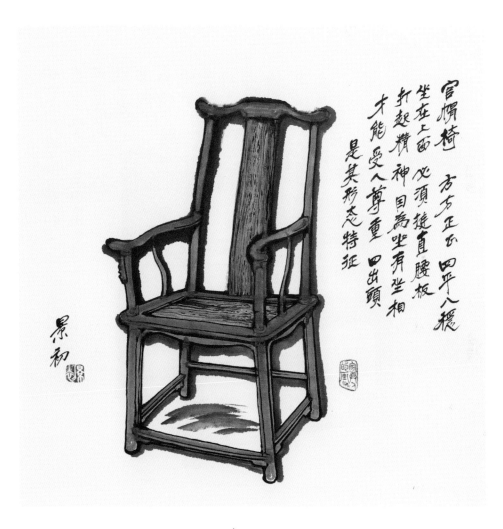

官帽椅 方方正正 四平八稳
坐在上面 必须挺直腰板
打起精神 因为坐有坐相
才能受人尊重 四出头
是其形态特征

Official's Hat Armchair
官帽椅

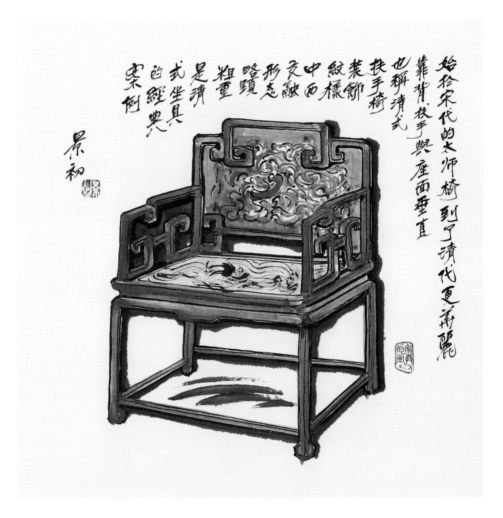

An Armchair of Qing Dynasty style
清式扶手椅

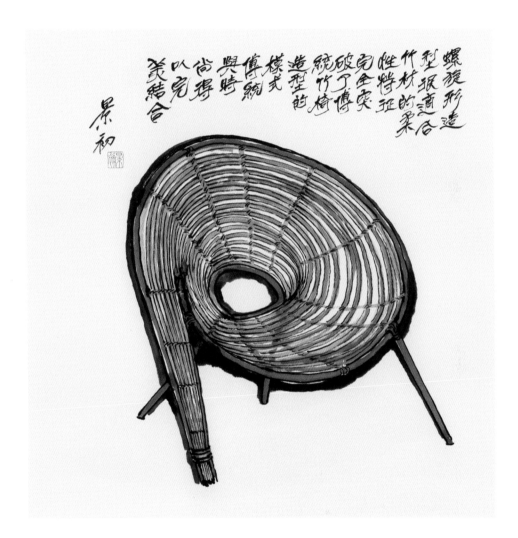

螺旋形造型很适合竹材的柔性特征 完全突破了传统竹椅造型的模式 但时尚得以完美结合

景初

Bamboo Chair
竹椅

景 初 画 家 具

Old wood chair
老木椅三

景 初 画 家 具

Side Table made with tree stump
树桩花几

Side table
伴侣几

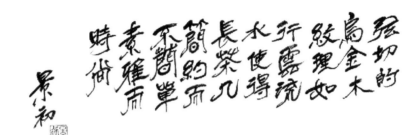

The long tea table of Wujin wood
乌金木长茶几

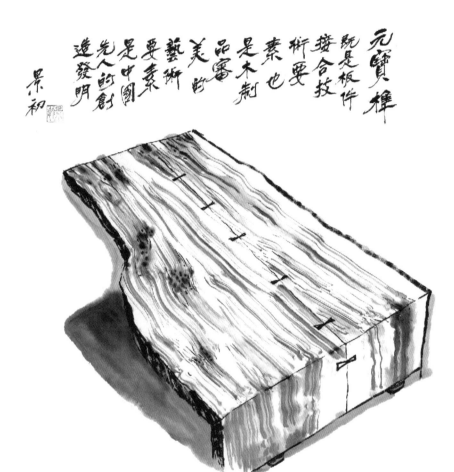

元宝榫就是板件接合技术要素也是木制品审美的艺术要素是中国先人的创造发明

景初

Nipping
元宝榫

景 初 画 家 具

The beauty of the treasure
元宝之美

景 初 画 家 具

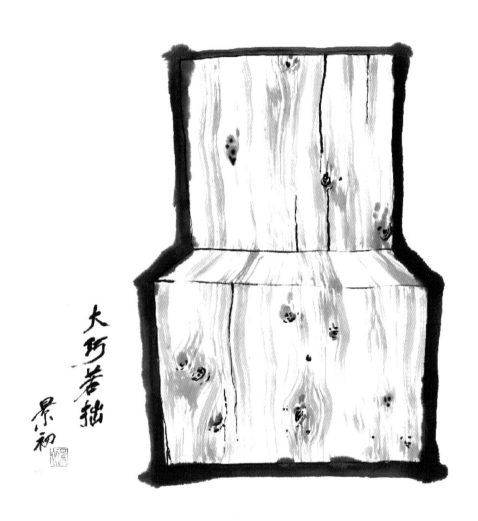

Great art conceals itself
大巧若拙

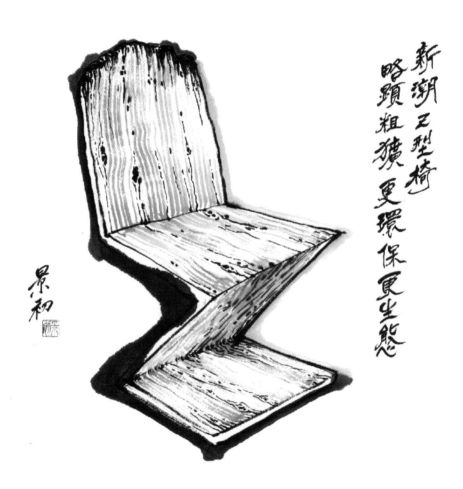

Zigzag chair in fashion
新潮 Z 型椅

Bamboo Chair One
竹椅一

景 初 画 家 具

Bamboo Chair Two
竹椅二

131

景　初　画　家　具

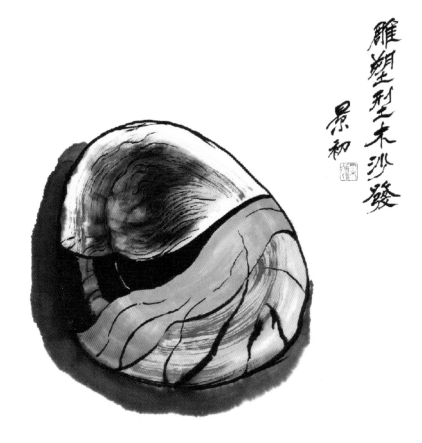

Sculpture wood sofa
雕塑型木沙发

景 初 画 家 具

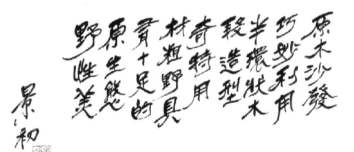

Log sofa
原木沙发

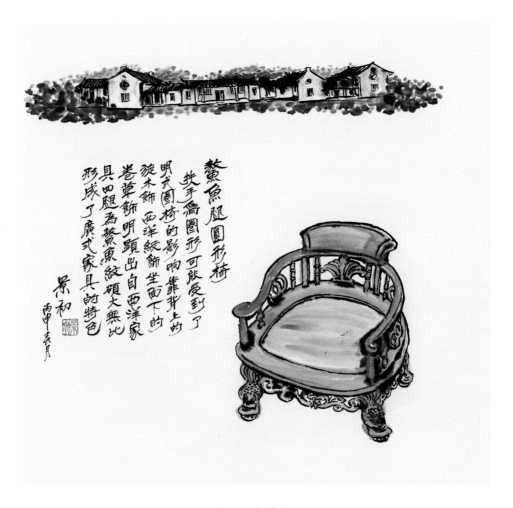

鳌鱼腿圆形椅

扶手为圈形可能受到了明式圈椅的影响，靠背上的旋木饰、西洋纹饰坐面下的卷草饰明显出自西洋家具。四腿为鳌鱼纹硕大无比，形成了广式家具的特色。

景初 丙申 冬月

A round chair
鳌鱼腿圆形椅

Xin GuangShi style one--Single sofa
新广式之一"单人沙发"

Xin GuangShi style two-- Sleeping Couch
新广式之二"睡榻"

景 初 画 家 具

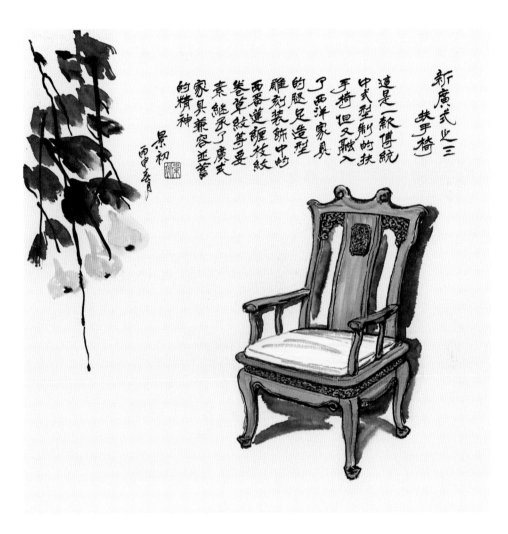

Xin GuangShi style three--Armchair
新广式之三"扶手椅"

Xin GuangShi style four--Dressing table
新广式之四"梳妆台"

Xin GuangShi style five--Multiunit side table
新广式之五"多用几"

景 初 画 家 具

Acid Side Chair
酸枝靠背椅

景 初 画 家 具

Acid branch armchair
酸枝扶手椅

酸枝扶手大椅
此椅用料硕大
通体布满雕刻
三弯腿虎爪足
形态顾大稳
重雕饰繁
复明显受
到了当时
欧洲流行的
巴洛克风格
的影响

景初
丙申春月

景 初 画 家 具

Rosewood chair
酸枝圈椅

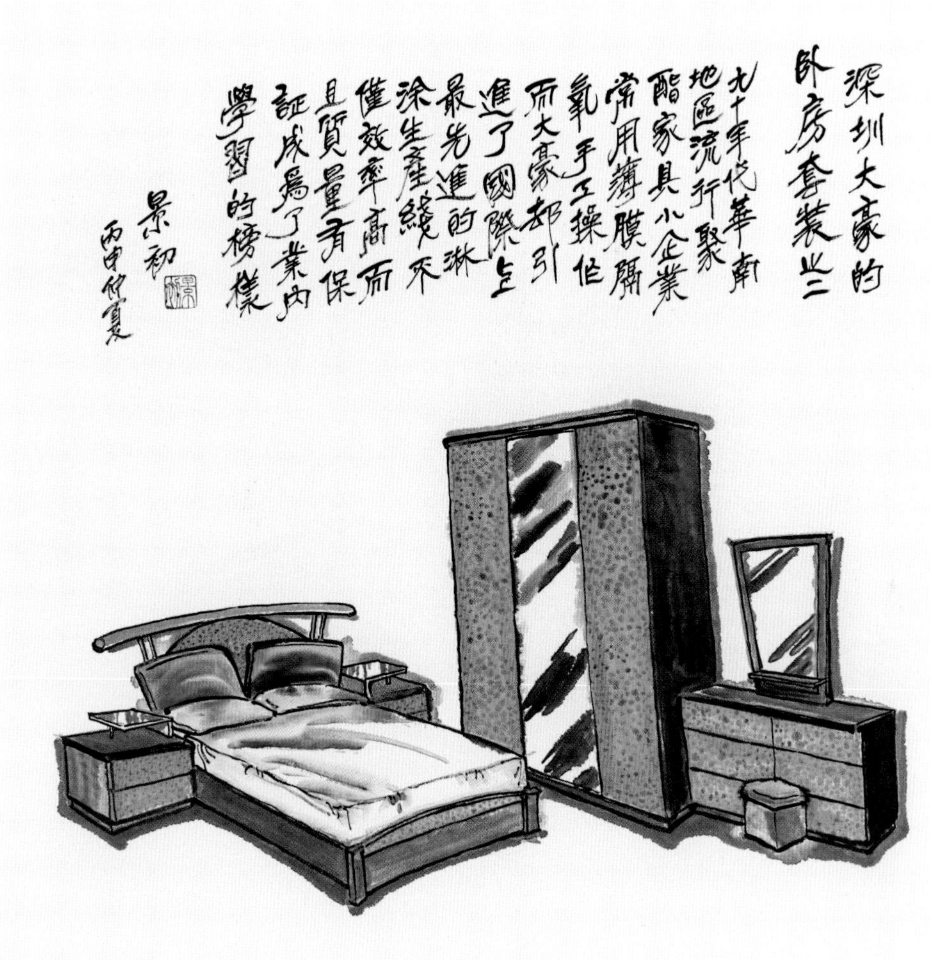

景 初 画 家 具

深圳大豪的卧房套装之三

九十年代华南地区流行聚酯家具小企业常用薄膜隔氧手工操作而大豪却引进了国际上最先进的淋涂生产线不仅效率高而且质量有保证成为了业内学习的榜样

景初 丙申竹夏

DaHao bedroom suit
深圳大豪的卧房套装

Arhat bed with five screens
五图屏罗汉床

景 初 画 家 具

Reclining chair with curved surface
酸枝曲面躺椅

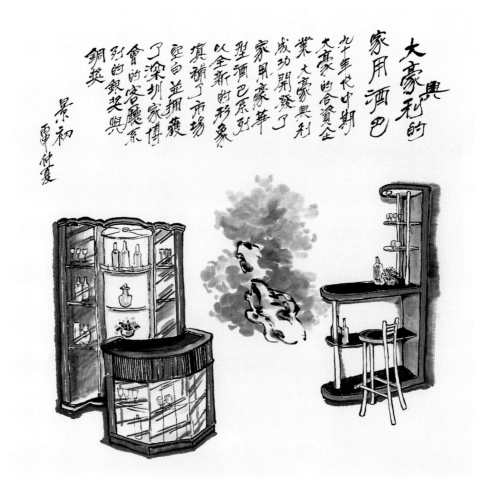

DaHao Big house bar
大豪兴利的家用酒吧

景初画家具

贵妃床

从传统品类演变而来的贵妃床实则是现代三人沙发的原型，是受西洋家具类影响而出现的新品，造型轻巧秀挺，秀美的三弯腿流畅的靠背曲线，加骨部饰以圆形理石形如眼镜，是中西文化交融的结晶。

景初 甲申季春

Chaise Bed
贵妃床

景 初 画 家 具

TV decorative cabinet
电视装饰柜

Bedrooom Plate Furniture
板式卧房家具

景 初 画 家 具

Bedroom suit
卧房套装

景 初 画 家 具

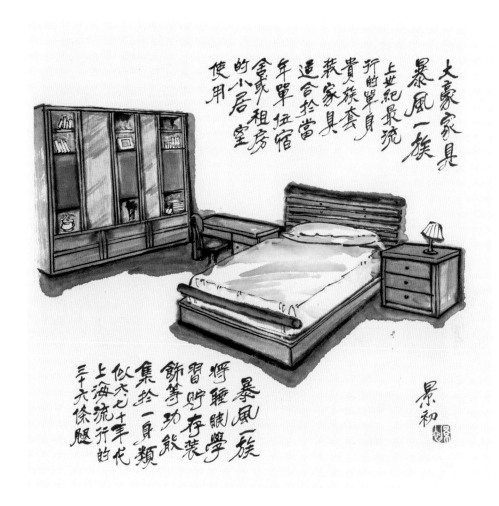

DaHao Fourniture
大豪家具暴风一族

景 初 画 家 具

Huasheng's chair
华盛的椅子

华盛的椅子

是世纪九十年代中国流行聚酯家具鼎盛时期的深圳华盛家具装饰有限公司也开发系列聚酯椅引领时尚但因破损後難以修復也成了短命產品

景初 雪篁

景 初 画 家 具

Stretchable reclining chair
可拉伸躺椅

Sandalwood table and stool with marble tabletop
紫檀大理石桌面凳

Multifunctional cabinet One
多功能的组合柜一

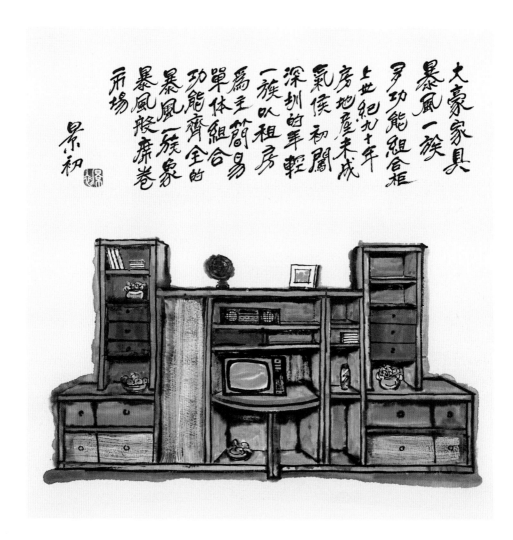

Multifunctional cabinet Two
多功能的组合柜二

Multifunctional fourniture Three
组合家具三

Resin molded furniture
树脂模塑家具

景 初 画 家 具

Mahogany Bench of three person
红木三人长椅

Mahogany dressing table with three screen
红木三屏梳妆台

A bed in the forest
森林中的床

Fold Chair
折椅

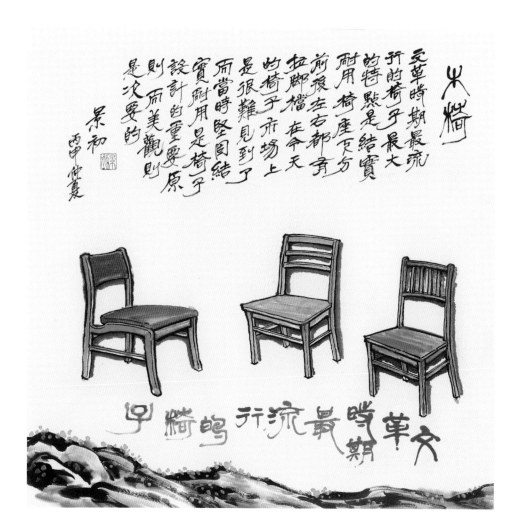

Wood Chair
木椅

Sofa
简易沙发

景 初 画 家 具

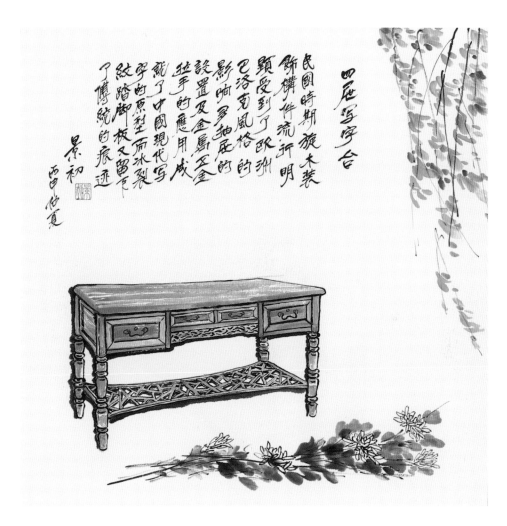

Writing-table with four drawer
四屉写字台

Europen Flat Bed
欧式平板床

Multifunctional wooden cabinet
多功能木柜

Thirty-six legs One
三十六条腿之一

Thirty-six legs Two
三十六条腿之二

Thirty-six legs Three
三十六条腿之三

Bedroom Set
卧房套装

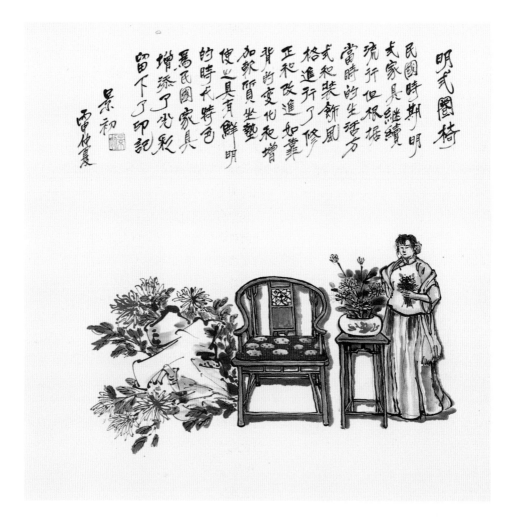

Round-backed Armchair with Ming style
明式圈椅

后　记

　　与胡老师相识已近二十年，弹指一挥间，说长不长，说短不短；20世纪末，我从华中师大毕业，一共找了两所大学就业，一个是当时还在株洲的中南林学院（现中南林业科技大学），一个是我老家的郴州师专（现湘南学院），两所大学都先后答应了我的入职要求，但当时中南林学院的效率奇高，三天就把我定下来了，胡先生正是时任建工学院的院长，从此非常荣幸地开始了与先生的一段亦师亦友的缘分。

　　胡先生不仅给我上过家具专业课，还是我的硕士研究生导师和教师业务导师。他是我人生转折点的关键人物，没有先生的指导，也不会有我现在在设计领域取得的成绩，记得入职第二年就在先生的指导下取得了中国家协设计大赛的二等奖，在此之前，我还是一个手握油画笔整天画油画的文艺青年。第一次收到胡老师的作品是搬长沙新家的时候，胡老师给他的每一个搬新家的弟子各写了一幅字，其中有张响三、刘文金、戴向东、张秋梅、李赐生五位教授，给我的题字内容为"广厦千间夜卧一榻，良田万顷日食三餐"。先生用心实在是很深。他在告诫我：年轻人，有一点小成绩不要骄傲啊。时至今日，已经陆陆续续收藏了先生的墨宝几十幅。画过画的人最能理解，表面上收藏的是画，实际上收藏的是先生凝固的时间和心血。于是，我把其中的大部分装裱起来，在办公室展示供人欣赏。每个人一进到办公室就说，你这是胡老师的书画展啊！

　　胡先生退休后坚持每日或作画或书法半天时间，一路走来二十年，按专业画家的时间计算，他相当于四十年以上在丹青不止。胡先生画画的专业水准，常常让我这位科班出身的自愧不如，徐悲鸿先生曾经说过"想要画好素描，就要画一千张素描"，想必书画也是如此，胡先生又岂止一千张呢。书画对水墨的要求极高，这一点，我深有体会，偶尔有时间，我也会临摹明四家之一文征明的画，造型没有太大问题，但是，水墨画得太少，有时总是把握不好，时常落墨即沁。对比胡先生的作品，他在水墨上已经完全做到了收放自如，掌握了技法，题材和思想变得重要起来。胡先生选择了他一辈子钟情的家具，这一题材，至今，鲜有人涉足，即便有，也只是画画明式官帽椅之类，更多的也是对技法的一种探讨，不像胡先生，每一幅家具作品都是在讲述一个老朋友的故事，平和、亲切而真实。胡先生的画有趣，题字内容更有味道，生活的哲理轻轻松松娓娓道来，观画之余引人深思。

　　今年四月受胡先生的影响，有感而发，作了一首小诗，借此机会，把它放在这里，也许是再合适不过的了。

《景初画家具》

有一个人
几十年如一日
生命不息丹青不止
画过花鸟虫鱼
画过山岚树木
最后
他只爱画家具

这个人
似乎是为家具而生的
创办了
中国大学
最早的家具设计专业
现在是书画界
以画家具见长的画家
许多人一辈子都在寻找
属于自己的题材
马自然不能画
已经有了徐悲鸿
驴也不能画
黄胄已经把它画活了
虾就更不用说

还有谁可与白石老人比肩
好像真的没有什么可以画的了
现在想来
是爱不够
有爱就会有题材
他笔下的家具
从写实到写意
从叙事到议论
不限技法
不唯方式
无法中道出有法
灵动而妙趣

这个人
应该是为家具而生的
离开三尺讲台
俯身投向画案
主角还是家具
为了家具
他不能闲
也闲不下来
笔下的家具

就是一部活脱脱的专业史
经典的联邦椅
代表了改革开放初期
人民对物质的渴望
质朴的乡村椅
代表了经济发展到一定程度
人的精神自我回归
传神的明式椅
代表了人民对传统文化的迷恋和认同
从海派风格到三十六条腿的家具
从新中式风格到新古典家具
中国有史以来的文脉
被他用家具精心的串了起来
像一粒粒珍珠
熠熠生辉
既是兴趣使然
又是真情演绎
生命不息
创作不止
二十年的专业书画生涯
走过了一个艺术家
大半辈子的路

拾起满尘的画笔
拂去岁月的痕迹
一件件家具
在他笔下
开始生花

这个人
就是为家具而生的
一代宗师
景初先生

袁进东
于岳麓逸舍